U0169461

# Thermomix
## 美善品多功能料理机 TM6

# 01

自动锁口装置保证烹饪过程的安全性

德国索林根刀片，坚硬耐用。马达转速高达 10700 转每分钟，轻松研磨如冰糖般坚硬的食材

主锅容量 2.2 升，可满足全家烹饪需求

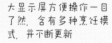

大显示屏方便操作一目了然，含有多种烹饪模式，并不断更新

可替代炒锅

可替代冰辅食机

可替代炖锅

可替代切菜机

可替代蒸锅

可替代研磨机

○ 刀片正向旋转实现切碎、研磨功能，反向旋转充当锅铲，实现搅拌功能

○ 内置磅秤功能，烹煮过程同步称重，精确到 1 克计数

○ 防溅盖可以放置在主锅上，熬酱时防止喷溅

○ 智能引导 TM6 进行自洁冲洗

○ Sous-Vide 慢煮模式可选 40 ~ 85 摄氏度，用于真空包装的肉类、鱼类、海鲜类食物，保证食材鲜嫩多汁

○ 厚膜加热元件精准控温，有效保证烹煮过程不焦煳

○ 设定恒定温度，可实现持续 8 小时的搅拌慢炖，法式料理所需的极致汤汁在自家厨房也可以实现

吸收 25 倍水分，抗饿
5 小时，升糖指数为
55，远低于其他主食，
不易引起血糖波动

燕麦皮含有一颗燕麦中
95% 以上的水溶性膳食
纤维

加热水只需大约30秒，
速泡即食

▶ **一杯燕麦麸皮，从此身轻如燕**

　　燕麦是普及率很高的健康食品之一，而燕麦麸皮绝对是它的升
级版——更少热量，更多营养价值。燕麦中提供热量的部分被大幅
度去除，主要营养价值，尤其是于减脂有益的膳食纤维被最大限
度地保存下来，比如帮助溶脂、利于肠道、提升饱腹感又能增强免
疫力的 β-葡聚糖。除了直接冲泡还有各种烹饪方式和料理组合可
以开发，把它融入日常饮食，实现身轻如燕的目标将不再遥远。

○　原料来自燕麦适宜生长的
　地区，北纬 41° 的传统家
　庭农场

○　无人工添加剂，低温短时烘
　蒸，恒温 18 摄氏度高标准锁
　鲜加工技术保留更多营养

○　富含易增强饱腹感并且帮助
　溶解胆固醇的 β-葡聚糖，
　与非可溶性膳食纤维一起帮
　助肠胃工作

选择深海鱼，零蔗
糖，比传统米面含
更少热量

以鱼肉做成面条，
颠覆传统速食

丰富配菜包，高度还
原嫩豆腐和营养丰
富的海苔

豚骨熬汤并精选猪肋排
和猪腩间的软脆排骨

## ▶ 一碗鱼肉拉面，打破传统面食的套路

这碗深海鱼肉面，并不是原来那碗铺了鱼肉的乌冬面，而是把
鱼肉做成面条。这种做法源于一种潮汕美食，却大大增加了鱼糜
含量，相当于满满一碗细细长长的鱼肉肠，再也不用担心吃面吃得
一身赘肉了。它和普通拉面相比，有营养密度优势，低热量低脂肪同
时高蛋白，而这么一碗好东西只需要约 5 分钟就可以入口。集方便、
美味、营养、低脂于一身，打破传统食物的固有套路，这碗面对于不
喜欢冷食的减脂人群来说，是一个提高饮食质量的好选择。

○ 严选食材，速冻技术保证深
海鱼肉的新鲜和营养，全程
冷链运输

○ 6 小时以上的传统熬制工艺
让汤底口感醇厚

触屏滑动实现火力时长
调节与功能选择,
灵敏响应不卡顿

LED 触屏与加厚门身一体设计,
简约美观

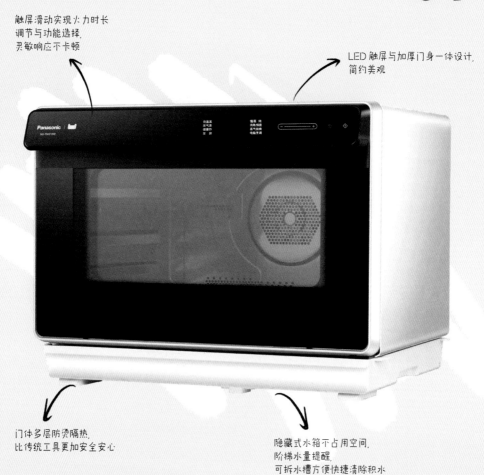

门体多层防烫隔热,
比传统工具更加安全安心

隐藏式水箱不占用空间,
阶梯水量提醒,
可拆水槽方便快捷清除积水

## ▶ 一个蒸烤箱,中西健康料理通吃

烤箱在西餐烹饪中的地位无可撼动,美食作家梅克·彼得斯
(Meike Peters)曾说:"烤箱能满足我对食物的全部需求——脆
脆的口感,诱人的焦香,食材的原味。"而蒸则是东西方公认的健康
料理方式,蒸箱与烤箱的结合,可以让绝大多数食材以更健康的方
式被烹饪,无论是蔬菜还是肉类、主食或菜品。蒸烤的烹饪方式对
减脂来说意义尤其重大,可以有效降低油脂摄入量。松下这款蒸烤
箱还配备远程操作功能,可随时查看烹饪进程,还可在线更新食谱、
购买食材。

○ 3D 热风循环对流,热力均匀
吹至每一个角落,实现双层
同烤无须上下移位

○ 灵敏电子温控,精确捕捉炉
腔温度变化

○ 30 升容量可完成 6 寸蛋糕、48
块曲奇饼干或整只鸡的烤制

○ 食品级不锈钢炉腔,安全耐
用易清洁

一键升降, 降下去
煮, 升上来夹, 再
也不用大海捞针

食品级不锈钢沥水盘
安全耐用

5升大容量满足
3～6人共享美食

锅底锅外均为不粘
材料, 锅身可彻底分
离, 方便清洗

火锅　3 2 1　6 5 4　取消
AUX 奥克斯　按下升降
自动升降　低糖饭

## ▶ 一个电火锅, 没有负担的相聚

　　吃火锅早已成为聚会的一个重要理由, "涮"本身也是一个
相对健康的烹饪方式, 但前提是汤底少油, 不要让食材在汤内
煮太久, 蘸料控制油脂和糖分, 食材安全新鲜。在外就餐, 不可
控因素相对较多, 而在家里自己操作, 就很容易做到低脂健康。
一个能升降滤篮的火锅, 让捞取食材变得轻而易举, 避免食材因
不易捞起在锅里久煮。围坐在家里的餐桌前, 吃得健康又方便, 能
带来更多轻松与惬意。

○ 自主升降结构, 平稳顺畅不
卡顿

○ 1 600瓦聚能发热盘, 均匀
发热快速升温

○ 隔绝食物与机器内部构
件接触, 避免藏污纳垢,
升降不留缝隙

○ 滤篮与锅底分离, 食材不会
接触锅底, 避免煳锅烦恼

优秀的锁鲜能力持久地
保持食物新鲜度

书写区方便标注
快干不易掉色

按照颜色区分功能
蓝色是冷冻系列，可以进冷冻箱
冷冻，材质较厚，适合放海鲜和
肉类，保鲜，不串味
红色是储存系列，通常做储存
袋使用，柔软韧性好，适合储
存五谷杂粮，各种零食，甚至
玩具和琐碎杂物，还可以放进
包里做分装袋
绿色是小号三明治袋／零食袋

厚、中、薄三种厚度
和多种尺寸可选，另
有可站立款式应对不
同需要

### ▶ 一个密实袋，锁住生活的鲜美

　　一次用不掉的新鲜食材、零散的零食、冷冻食品、干货杂粮甚
至杂物的收纳整理，统统可以交给密实袋解决。防潮防漏防串味的
密实袋不但让冰箱橱柜变得清爽干净安全，还可以用来携带餐具
和各种干湿料理，在烹饪过程中用来腌制和拌匀食材也很方便。一
个品质有保证的密实袋不仅仅是防漏而已，它样子平实，却能为生
活提供更多从容与安全感。

○　不含 BPA（双酚 A），不添加
　　塑化剂，符合美国 FDA（食品
　　药品监督管理局）相关标准

○　可重复利用率高，环保经济

○　保证密实性的同时，开袋
　　也很轻松，单手或戴手套
　　都可以轻松打开密封条，
　　提高操作效率

○　袋口打开 3 厘米空隙，即可
　　在微波炉低温加热中使用
　　（高糖高脂或极易升温的食
　　物慎用）

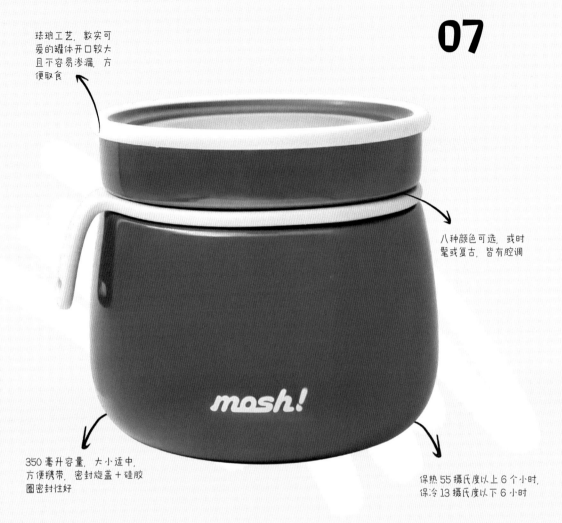

珐琅工艺, 敦实可爱的罐体开口较大且不容易渗漏, 方便取食

八种颜色可选, 或时髦或复古, 皆有腔调

350 毫升容量, 大小适中, 方便携带, 密封旋盖＋硅胶圈密封性好

保热 55 摄氏度以上 6 个小时, 保冷 13 摄氏度以下 6 小时

## ▶ 一个焖烧罐, 吃得赏心悦目又健康

mosh 在创立之初就将目标对准了年轻消费群体, 外观设计腔调十足。吃得好看有时候很简单, 一个好的餐具或容器就能大幅度提高一顿餐食的颜值。焖烧罐自打问世以来, 就以可爱的样子吸引了很多人的目光, mosh 的焖烧罐又是这其中的佼佼者。如果一个好看的食器让你开始研究并爱上焖烧的烹饪方式, 可能你在不知不觉中体脂含量就降低了。

○ 双层抽真空技术, 有效阻隔温度传导对流, 不止保温也可保冷

○ 高真空轻量不锈钢杯身保证隔热效果的同时, 轻盈便携

○ 剥离氧化层的镜面内壁, 可增强杯内热量反射储存, 同时无残留方便清洗

迷你杯身让人爱不释手

数字编号区分6种口味，更有0号的咖啡师特别合作款可供选择

罐内密封膜在保证密封性的同时也易于撕开

包装杯身由可回收材料制成，同时有回收计划

## ▶ 一杯黑咖啡，鱼与熊掌兼得

　　美味又减脂的东西不多，黑咖啡算一个，一天一杯黑咖啡，就有一定的燃脂作用，它可以在短时间内提升体温，促进血液循环，进而提高基础代谢率，加速体内脂肪燃烧。市面上极度快捷但不失风味的"方便"咖啡并不算多，"三顿半"是个好选择，将即溶咖啡粉倒入水中的一瞬间，就能呈现一杯堪比现磨的精品咖啡。低温慢速萃取与零下40摄氏度分批次微量干燥让它口感干净，在香气、新鲜度、回甘程度和细节层次上都有优秀表现。旅行、运动途中随时享用，让"喝杯咖啡"这个习惯更轻松且更长久。

○ 选用SCAA（美国精品咖啡协会）评分80分以上的精品咖啡豆

○ 每日新鲜烘焙，全天然无添加

○ 无损风味的淬炼技术与高标准烘焙与研磨生产线，细腻捕捉风味，接近现磨咖啡

Easy Fun 低脂五香味
夹心牛肉豆脯

Easy Fun 低脂魔芋爽

Easy Fun
零卡果冻

Easy Fun 鸡胸肉丝

▶ **一包零食，干吃不易胖的幸福**

　　身上赘肉多的人总在羡慕那些可以随时过嘴瘾还不发胖的人，其实只要选对零食，完全可以享受干吃不易胖的幸福。零卡零脂的零食是首选，高蛋白低脂肪的零食只要控制总量也是好选择。吃零食总给人容易发胖的感觉，的确大部分零食都会带来不必要的热量，甚至还含有不少"坏脂肪"，但如果在餐前吃一点饱腹感强、热量负担低的零食，反而可能大幅度降低正餐的食欲，达到减脂的目的，同时还提升了幸福感。

○ 牛肉加在层层豆脯中，浓郁滋味深入到每一处，紧实弹牙有嚼劲

○ 辣味魔芋，膳食纤维丰富，不含脂肪，解馋不腻

○ 水蜜桃、奶咖、酒酿三种口味的蒟蒻果冻，增加饱腹感且热量负担小

○ 一大勺鸡胸肉丝重量约 5 克，热量约为 21 千卡，香酥蓬松，咸香入味，海藻糖代替白砂糖，甜度适中且不留后味，不容易造成龋齿

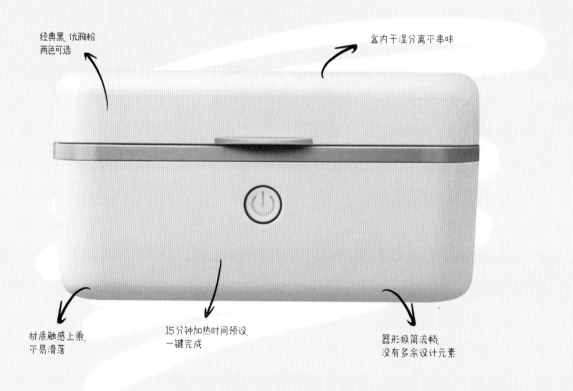

经典黑、优雅粉
两色可选

盒内干湿分离不串味

材质触感上乘，
不易滑落

15分钟加热时间预设
一键完成

器形极简流畅，
没有多余设计元素

▶ **一个便当盒，我的午餐我做主**

　　每天中午在点餐 App 上纠结：食品安全、热量、味道、预算、送餐时间，以及使用一大堆一次性包装的罪恶感……比较下来，好像自己带饭也没那么麻烦了，再加上高颜值的便当盒还能自己给午餐加热，简直没有继续懒下去的理由了。按一下按键，15 分钟，便当盒静静地把饭热好，而且不用担心干烧，也不用担心食材水分被烧干而变得难以下咽。内胆盒仅重 200 克，还可以选配密封调味盒单独盛放酱汁和一口汤品。还有贴心的耐热硅胶气塞帮助排气，避免汤汁滴洒。一个设计上看起来简单到不能再简单，却处处用心的饭盒，和你一起认真对待每一餐。

- ○ 防干烧保护，水量过少时自动断电
- ○ 内胆可以单独携带，内胆盒中的分隔区可以单独取出
- ○ 静音设计，避免干扰办公氛围
- ○ 可选配密封酱汁盒，给午餐带来更多可能性

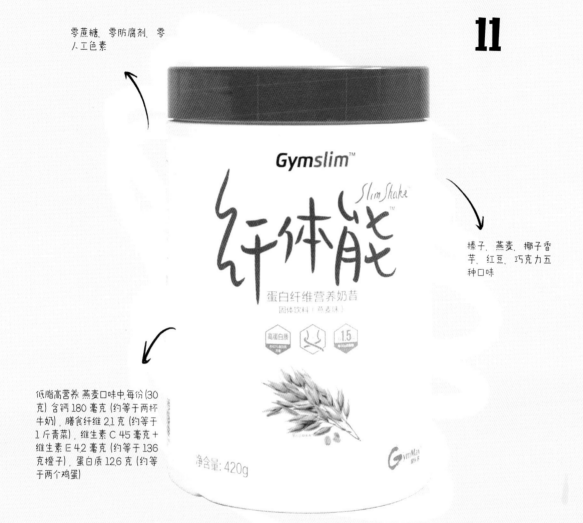

零蔗糖、零防腐剂、零人工色素

榛子、燕麦、椰子香芋、红豆、巧克力五种口味

低脂高营养 燕麦口味中,每份(30克)含钙180毫克(约等于两杯牛奶)、膳食纤维2.1克(约等于1斤青菜)、维生素C 45毫克+维生素E 4.2毫克(约等于136克橙子)、蛋白质12.6克(约等于两个鸡蛋)

▶ **一杯营养奶昔,被高效食物改变的饮食习惯**

　　虽然说"超级食物"的概念尚不能成立,但总有人在孜孜不倦地追求更高效的食物。就营养密度而言,营养奶昔表现优秀,低热低脂且每日必需的基本营养元素能在一到两杯杯奶昔中获得满足,同时还能产生较强的饱腹感,操作起来也很便利,只需冲调加摇匀即可。用一杯美味营养奶昔代替一顿快餐或外卖,这个小小的调整也许就能让你的饮食结构提升一个段位,给减脂餐提供更多可能。

○ 含有优质营养素、脂肪酸共轭亚油酸甘油酯

○ 奇亚籽粉,增强饱腹感

○ 富含乳清蛋白,帮助降低脂肪合成

艺术家们的钟情赋予了
巴黎水不可替代的文艺
气质

瓶身优美的弧度
如同一个丰腴美
人的腰身

触感舒适，充分与
手掌接触，清凉从
拿起它这一刻开始

不适应硬水味道的人，
还有西柚味、柠檬味、
西瓜味可选

## ▶ 一瓶气泡水，快意人生

有时候大快朵颐与畅饮只是为了满足口腹之欲，气泡水能让你的嘴里不无聊，同时几乎没有热量负担。欢腾而又密集的气泡瞬间充盈口腔，让口腔内的神经充分感受到那句 "Perrier, c'est fou"（巴黎水，这太疯狂了）。除了满足口欲，知识分子和艺术家的加持也更增添精神享受，达利给它画过广告，让·加布里埃尔为它创作过 *Perrier Girl*（巴黎水女孩），安迪·沃霍尔为它创作过38 幅丝网版画和系列漫画，蒂塔·万提斯为它代言，伍迪·艾伦说："如果没有巴黎水，我们知识分子怎么活下去"……这象征了疯狂、自由、诚实的水，帮你用艺术的养分克服过于旺盛的食欲。

○ 气泡浓郁而强烈，容易产生饱腹感，可替代克服焦虑用的"磨嘴"零食

○ 钙离子是镁离子的 40 倍，让水的口感冲劲十足，而最后又留下一丝苦涩

○ 150 年以来，巴黎水一直从法国维吉斯孚日山脉采水，水质稳定